# 鬼谷说

# 不可思议的古生物

## 软体动物篇

鬼谷藏龙　著

长江出版传媒　长江文艺出版社

图书在版编目（CIP）数据

鬼谷说：不可思议的古生物. 软体动物篇 / 鬼谷藏
龙著. -- 武汉 ：长江文艺出版社，2023.4（2023.5 重印）
ISBN 978-7-5702-2725-9

Ⅰ. ①鬼… Ⅱ. ①鬼… Ⅲ. ①古生物学－普及读物②
软体动物－普及读物 Ⅳ. ①Q91-49②Q959.21-49

中国国家版本馆 CIP 数据核字(2023)第 035861 号

鬼谷说：不可思议的古生物. 软体动物篇
GUIGUSHUO : BUKESIYI DE GUSHENGWU. RUANTIDONGWU PIAN

丛书策划：陈俊帆
责任编辑：杨 岚 王天然　　　　　　责任校对：毛季慧
封面设计：袁 芳　　　　　　　　　　责任印制：邱 莉 胡丽平

出版：长江出版传媒 长江文艺出版社
地址：武汉市雄楚大街 268 号　　　　邮编：430070
发行：长江文艺出版社
http://www.cjlap.com
印刷：湖北新华印务有限公司

开本：720 毫米×920 毫米　　　1/16　　印张：3.875
版次：2023 年 4 月第 1 版　　　　2023 年 5 月第 2 次印刷
字数：25 千字

定价：135.00 元（全六册）

# 目录

地球生命历史约40亿年，在约8亿年前，出现了最早的动物，而在5亿多年前，世界迎来了寒武纪大爆发，形成今天动物世界的雏形。仔细想来，这真是一首无比波澜壮阔的史诗。午夜梦回，我仰望星空，总会忍不住感慨，在这同一片星空之下，亿万斯年间，曾经有多少生灵来来去去，它们的故事必定也会让人心潮澎湃。

于是我做了一个决定，效法史迁究天人之际、通古今之变、终成一家之言，将我对于古生物学的一点浅见，付诸些许文献检索的辛劳，也为过去亿万年间之地球生灵撰写一部纪传体史书。在书写过程中，我的思绪也会经由查阅的资料回到那激荡的岁月，我仿佛看到昆明鱼在浑浊的浅海中一往无前，看到"角石"（注：为了和现代鹦鹉螺区分，本书中早期有外壳头足类都笼统称为角石。在其他材料中，这些角石也可能被称作鹦鹉螺。）张开腕足震慑四海，看到海蝎纵横来去，看到泥淖之中的提塔利克鱼，看到巨树之巅的巨脉蜻蜓，看到末日之下的二齿兽，看到兽族起于灰烬，看到恐龙横行天下，看到人类王者降临。

我不由自主地将感情注入了这些远古生灵之中，希望各位读者也能在字里行间看到我脑海中曾经涌现的盛景，跟着我的思绪亲密接触这万古生灵，一起欣赏伟大的动物演化史诗。

这其中，软体动物凭借极为多变的演化路线成了动物界的演化弄潮儿，然而成也灵活，败也灵活，这一战术可以让它们盛极一时，也让它们永远地跌落在了王位之下。

## 作者简介:

鬼谷藏龙，原名唐骋，中国科学院脑科学与智能技术卓越创新中心博士，上海科普作家协会会员，B站知名知识类UP主(ID:芳斯塔芙)。

从2014年起从事关于神经科学、基因编辑、科学史和古生物领域的科普，撰写了科普文章100余篇。曾参与编写《大脑的奥秘》，翻译《科学速读脑内新世界》；在B站开设账号"芳斯塔芙"，目前拥有超过300万粉丝，视频累计播放量约3亿。曾获B站第三届"新星计划"奖，B站2019年、2020年、2022年百大UP主，2019年"科学3分钟"全国科普微视频大赛特等奖，被评为网易2021年度影响力创作者。

## 画师简介:

夜蓝啊夜蓝，一名梦想用漫画做科普的插画师。著有搞笑漫画《天演论》等。

专家团队简介:

方翔，中国科学院南京地质古生物研究所副研究员，硕士生导师。主要从事早古生代地层及头足动物的研究，在奥陶纪地层划分对比、寒武纪－志留纪头足类系统古生物学、生物古地理学等方面取得重要成果。

历年来与英国、德国、芬兰、瑞士、澳大利亚、泰国等国学者有密切的合作研究。主持国家自然科学基金委、中国地质调查局等多项课题。

孙博阳，中国科学院古脊椎动物与古人类研究所古哺乳动物研究室副研究员，从事晚新生代哺乳动物演化研究。

朱幼安，中国科学院古脊椎动物与古人类研究所副研究员，入选中国科学院"百人计划"青年项目。主要研究方向为颌起源及有颌鱼类早期演化，相关成果对脊椎动物"从鱼到人"演化之树重要节点的认识产生重要影响。

王海冰，中国科学院古脊椎动物与古人类研究所副研究员，主要从事中生代哺乳动物系统演化方面的研究工作。

# 家里有"矿"随便闯
## 腹足类

对于现代的"吃货"们来说，软体动物最显著的特点就是肉质肥美鲜嫩。不过说实在的，能长得好吃也是一种本事，因为这至少说明两点：第一，它们有足够的捕食能力，这样才能在体内积累足够的营养，不至于让人食之无肉；第二，它们可以保护好自己，在这个危机四伏的世界里守着一堆营养却不被吃掉。你说，能把这两点都做好了，那还不是动物赢家么？

然而如果仔细看软体动物的"面板属性"的话，就会发现它们并不出众。尤其是那些螺啊、蚌啊，整个一副比上不足比下有余的样子，真是让人很费解它们咋就能混得这么好呢？

这事啊，又得从寒武纪大爆发说起了。如果一定要把动物的演化史比作一个游戏，那么每个玩家抽到的"新手"装备，那可真是"月儿弯弯照九州，几家欢乐几家愁"啊。有的玩家如节肢动物，运气不错，一开场就能拥有很多好装备。有些如腕足动物稍微次那么一些，但是要活得好也绰绰有余。

节肢动物

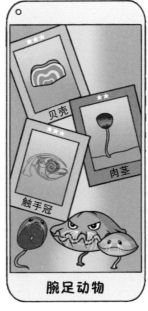

腕足动物

软体动物

　　而我们的软体动物，就属于……哎，什么也别说了，直接"两行泪"吧。

**齿谜虫**

其实我们并不是很清楚软体动物的祖先长啥样，但大致应该是一种类似于齿谜虫的动物。这种动物乍一看是一块毫无演化前途的肉片，唯一的亮点是口中一块带有许多小牙齿的"齿舌"。你可以简单将其理解为一个肉锉子，用来把海底岩石上附着的藻类之类的有机质锉下来吃掉，除此以外就没别的了。

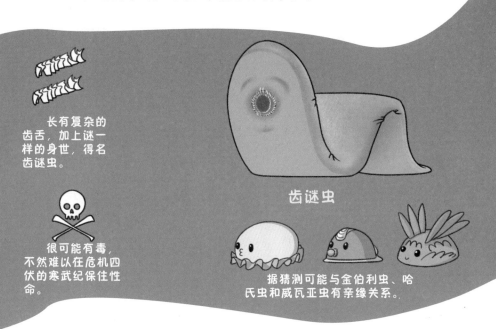

长有复杂的齿舌，加上谜一样的身世，得名齿谜虫。

很可能有毒，不然难以在危机四伏的寒武纪保住性命。

**齿谜虫**

据猜测可能与金伯利虫、哈氏虫和威瓦亚虫有亲缘关系。

随着寒武纪海洋里各种掠食者的崛起，软体动物的"蠕虫"状祖先能够存活已经很不错了。

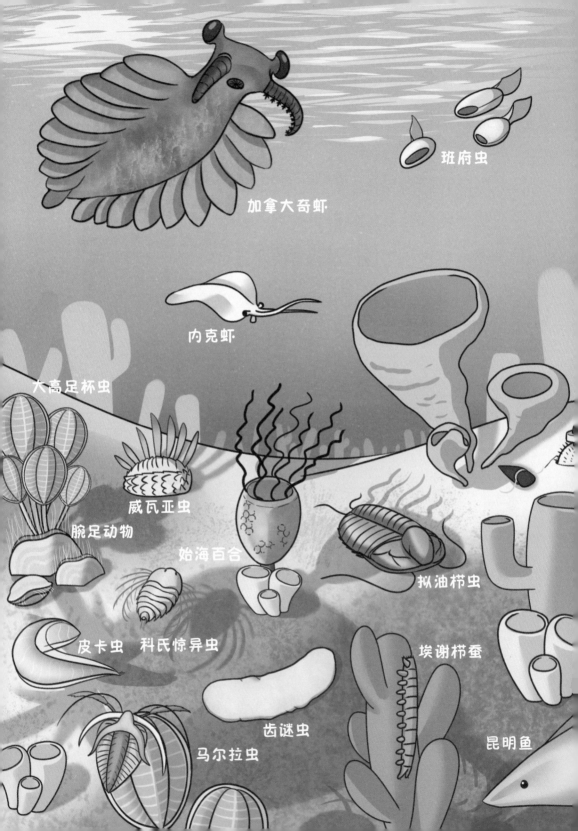

加拿大奇虾

班府虫

内克虾

大高足杯虫

威瓦亚虫

腕足动物

始海百合

拟油栉虫

皮卡虫　科氏惊异虫

埃谢栉蚕

齿谜虫

马尔拉虫

昆明鱼

然而软体动物却真正展现了什么叫置之死地而后生。它们首先让自己背部的皮肤变得像个轮胎皮似的，又糙又硬，还分泌出许多钙质的小刺使口感变得超差。于是大型掠食者一看，这条小虫嚼不烂，没营养还硌牙，不如我们就不吃了吧。而小型掠食者又搞不定这身硬皮，只能望洋兴叹。

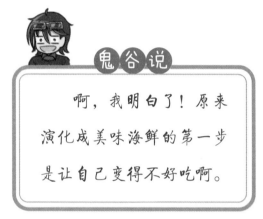

鬼谷说

啊，我明白了！原来演化成美味海鲜的第一步是让自己变得不好吃啊。

这招可不得了，直到今天还有极少数软体动物在用，比如新月贝。

不过不好吃不等于不能吃，这还不保险。于是在和掠食者的军备竞赛中，有些早期软体动物干脆更进一步，背部分泌出更多钙质，逐渐构建起了一层带刺的铠甲。

这招简直绝了，直到今天还有一些软体动物在用，比如因外形奇特经常被大家围观的石鳖。

俗话说得好，小心驶得万年船。有些软体动物还是不放心，又逐渐把背部的甲片合成一整块，于是软体动物演化史上意义最重大的发明——贝壳就诞生了。

哇，这层贝壳厉害了，从此软体动物遇到敌害，只要往海底一趴，就是个铁皮坦克，防御力满级。

"这瓶身体乳可不得了，可以让皮肤变得又糙又硬。"

"这套铠甲不错哦！没有人敢靠近。"

"哇，这层贝壳太棒了。"

这招更是被许多软体动物沿用至今，比如大家爱吃的鲍鱼，还有本来以为早就灭绝了的新碟贝。自从走了装甲防御路线，软体动物可真是扬眉吐气，从此再也不担心会灭绝了。

三叶虫

同样是在寒武纪晚期，对三叶虫来说，装甲是演化的终点，但对软体动物来说，这却是发力的开始。

我们说棘皮动物的演化变化万千，但其实在多变这一点上软体动物也不遑（huáng）多让。

历史上奇奇怪怪的软体动物也不在少数，比如说像是在螺壳上插了根管子似的太阳女神螺，还有背后密密麻麻排布着二十几片贝壳的泥盆纪石鳖，甚至是古生物学界著名的

太阳女神螺

泥盆纪的一种石鳖

"妖孽（niè）"塔利怪物，某种观点下都被认为是软体动物。

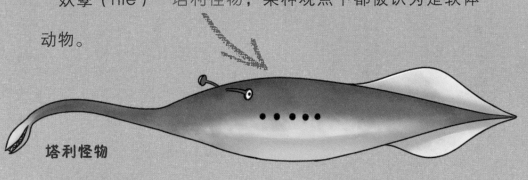

塔利怪物

公牛多彩海蛞蝓

碎毛盘海蛞蝓

紫色翼蓑海牛

大西洋海神海蛞蝓

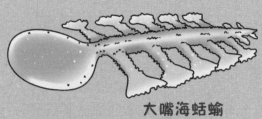

大嘴海蛞蝓

其实相比一身骨板的棘皮动物，软体动物浑身大多是软体，留下的化石大多都是一些包裹于软体之外的散碎贝壳。现代的软体动物形态各异。所以鬼谷我有充分的理由相信，古代软体动物中的奇葩也绝不在少数，只是没有留下足够好的化石记录罢了。

而它们也没有辜负这份潜能。

在寒武纪末到奥陶纪那段时间，浅海礁石上大量的钙藻繁盛起来了，这些藻类固着得非常牢固，本身大多也异乎寻常的坚硬，使得各种动物的尖牙利齿、大螯巨颚都败下阵来。然而，还记得软体动物的"新手村装备"——那个不起眼的齿舌吗？

软体动物就用这么个肉锉子，以滴水穿石的毅力硬生生锉开了钙藻的坚实防御，将其化作了自己的营养。

一时间，软体动物成了唯一能享用这份大餐的动物，真可谓自助者天助之。

没啥天敌，家里又有"矿"，突然之间，软体动物发现，自己居然摇身一变成了"人生赢家"呀。

那还等什么，触角、眼睛、呼吸、神经系统、循环系统，通通换成最新型号，咱们土豪的宗旨就是：不求最好，但求最贵。

然而……塞了一肚子新式的内脏器官后，这些软体动物的体形便膨胀了起来，贝壳也跟着越来越高，最终成了个锥子状。有种观点就认为，早期的软体动物都趴在浅海的礁石上，那种地方海浪滚滚，一柱擎天的贝壳被水一冲，晃晃悠悠地保不准就翻了。

这还得了，面对这个史无前例的挑战，软体动物绞尽脑汁，最终想出了四种解决之道，而这也缔造了软体动物演化史上最成功的四大分支。撇掉其中存在感稀薄的掘足纲，剩下三个就是我们最熟悉的腹足纲、双壳纲和头足纲。

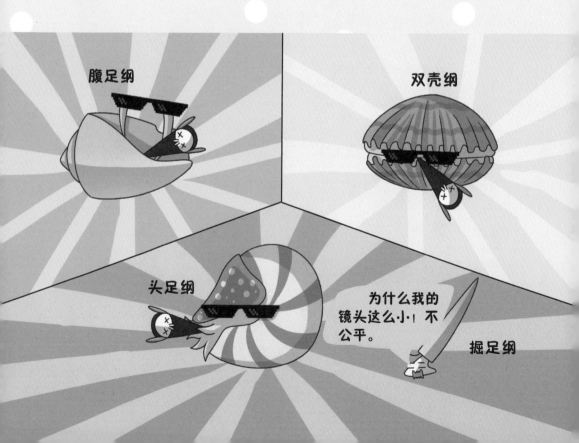

其中最厉害的当属腹足纲的那些螺类。

这个过程需要大家发挥一点空间想象力，有人推测它们采取了这么个对策：先是把壳向前盘起来，但这样一来壳前重后轻，背着很不舒服，所以它把整个身体结构转了180度，把壳扭转过来，重心往后挪。在这个过程中，左右对称的身体结构被打破，顺带着也把原本对称的贝壳转变成了我们今天见到的最经典的螺壳。

从这可以看出，腹足类非常耿直，身子都拧巴成这副样子了，也不肯放弃祖宗的那些"基业"。按照一般的剧情，这么干的结果迟早是坐吃山空，现实的动物演化史上大部分动物也终究守不住自己最初的生态位。

但是腹足类做到了，秘诀还是那个"新手村装备"——齿舌。

自奥陶纪以后，不但钙藻等藻类大量繁盛，礁石上还出现了许多能构建钙质外壳的管居蠕虫、苔藓动物等附着物，它们承受一次性的巨量伤害全都不在话下，但无一能扛住齿舌的持续输出。

在漫长的攻防战中，礁石上的附着物变得越来越皮实，而腹足类的齿舌也愈发强化。这无意中创造了极强的准入壁垒，直到今天也很少有别的动物可以挤进这个取食礁石附着物的生态位。

而这些附着在礁石上的藻类往往是每次大灭绝后最快恢复的生物类群之一，于是垄断着这块食物资源的螺类也跟着沾光，成了动物界中的"最强不倒翁"。

有了这个铁打的基本盘兜底，腹足类也就有了勇往直前的资本。

首先，啃藻类嘛，上哪啃不是啃呀！于是从志留纪开始，就有一些腹足类迁徙到了淡水当中，于是我们才能在今天吃到螺蛳粉。

而且它们的螺壳刚好能有效地阻止水分蒸发，内置的肺囊不用怎么改造就能直接呼吸空气，万能的齿舌又能轻松取食陆地上的植物、真菌与枯枝败叶，顺便登个陆根本不在话下。于是我们才能在今天吃到法式焗蜗牛。

也有一些螺吃腻了海藻，想要找点肉开开荤。比如说骨螺和玉螺，它们将自己的齿舌升级换代成了开罐器，遇到贝类就趴在上面锉啊锉，生生钻个洞出来，大快朵颐一番。

什么，嫌"开罐头"太麻烦？没关系，鸡心螺把齿舌变成了淬毒鱼叉，对路过的小鱼一击毙命，整个海洋都是它的回转寿司餐厅。

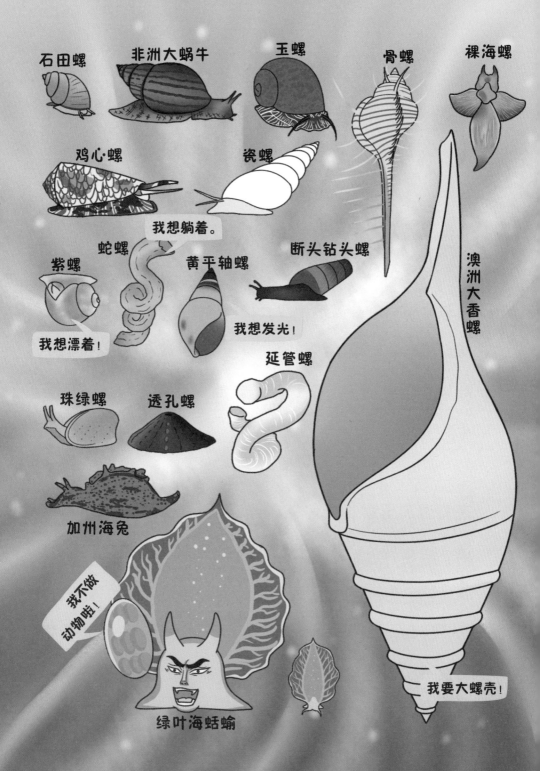

不想主动捕猎？没问题，瓷螺直接住到了海星或者海胆的体内，想吃就吃。有些螺表示，不想整天爬，于是，翼足类的螺演化出了一对小翅膀，在海中自由地"飞翔"。

甚至还有一些腹足类从藻类中夺取了叶绿体，玩起了光合作用。

真乃拳打昆虫纲，脚踢四足总纲，这适应能力在动物界无人能及啊。说真的，如果我穿越到未来看见有蜗牛在天上飞，应该也不会太震惊吧。

话说回来，现代的软体动物门乃是动物界的第二大门，仅次于飞天遁地无孔不入的节肢动物门。它们占据的生态系统资源总量也能排到第三，在简直不可战胜的节肢动物与脊椎动物面前能取得这样的地位，本身怎么可能没两把刷子呢？

其实还有两类软体动物，它们毅然决然地放弃了刮食海藻的老本行，向着未知的星辰大海创造了新的辉煌，而它们的故事，就让我后面再来为大家讲述吧。

# 这不是山寨，这是微创新

## 双壳类

　　这世界上的动物啊，有些初始构造好，有些演化潜力高，再不济像我们之前介绍的腹足类那样仗着得天独厚的环境，也能一路勇往直前。那么如果一类动物底子差，演化潜力也不算太高，周围环境也不好，它们能在演化的路上继续前进吗？这里要说的，就是这么一类动物——软体动物中的双壳类。

　　虽然演化本质上是自然选择下的被动过程，但是有些动物的演化路线就是带给人一种"一时冲动"的感觉。之前说了，早期软体动物在熬过最初的生存危机后，其实还算有个不错的开局，然而双壳类的祖先偏偏就在这个时候选择了从头再来。

那些触角、眼睛、神经什么的统统不要了，好不容易合成一整块的贝壳也"吧唧"一声掰成两半，盖到身体两侧。原本用于爬行的腹足也转变成挖掘泥沙的斧足，从此过上了潜沙滤食的生活。

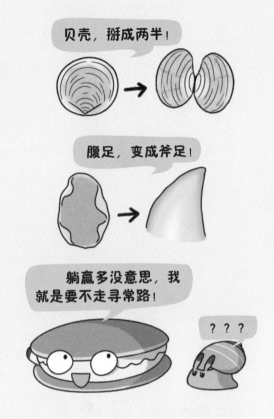

贝壳，掰成两半！

腹足，变成斧足！

躺赢多没意思，我就是要不走寻常路！

？？？

哇，这种感觉，就像是读了几十年书眼看着快要博士毕业了，突然决定退学去工地搬砖一样啊。

虽说这生态位和职业一样没有贵贱之分，但潜沙滤食的准入门槛也着实有点低，要知道在一亿多年前，比寒武纪大爆发还要远古的时代，很多最原始的动物就已经这么干了。双壳类入局的时候，这里早被挤得满满当当了。

为了在这个竞争明显过于饱和的生态位当中站稳脚跟，双壳类采取了一种非常简单粗暴的策略——模仿。不过这模仿也有讲究，它的原则便是谁最牛我抄谁。

　　双壳类简直是一丝不差地模仿了当时海底底栖动物当中最为强势的腕足动物，无论是半埋在沙子里面滤食浮游动物的生活方式，还是用两片贝壳来保护自己的防御策略，二者相像到一下分辨不出来的程度。

　　腕足动物表示，我从未见过如此厚脸皮的家伙。

　　话说回来，双壳类最初的日子也不好过。

18

除了当时如日中天的腕足动物以外，还有比如说棘皮动物、软舌螺和海鞘等生活方式相差不大的动物都削尖脑袋要在海洋浮游生物中分一杯羹，压根儿就不会给双壳类任何机会。所以纵观整个寒武纪，双壳类都是极其边缘的小角色。

　　这熬啊熬啊，就熬到了奥陶纪，双壳类在这个新时代终于……还是没有任何变化。

　　棘皮动物和腕足动物在奥陶纪来了一波大爆发，极大垄断了海底滤食的生态位。而且在这节骨眼上，一轮大灭绝更是说来就来。这就是之前说过的，腰斩了三叶虫家族的奥陶纪末大灭绝。三叶虫都尚且死伤惨重，双壳类就更别提了。然而天大的风险也意味着天大的机遇，在这次大灭绝中，双壳类最大的对手腕足动物也遭到了毁灭性的打击，这一下子又把大家都拉回了同一起跑线。

　　终于可以堂堂正正地对决一回了，经过一千多万年的惨烈角逐，率先繁盛起来制霸海底的果然还是腕足动物。

　　我的天，说好的后发优势呢？这是全方位碾压呀。

奥陶纪生物大辐射　　　奥陶纪末大灭绝

全球
气候巨变

虽然双壳类跟腕足动物表面上很相似，但仔细看来也

有不同，比如说腕足动物主要靠贝壳外的肉茎固定在海

底，遇到敌害，肉茎收缩，不但能迅速把自己拽到沙子里，还能一边遁地一边保持贝壳关闭。但是双壳类靠的却是斧足，得现挖现埋，更何况全程都要给贝壳开条缝，保不准就给掠食者留下了可乘之机。

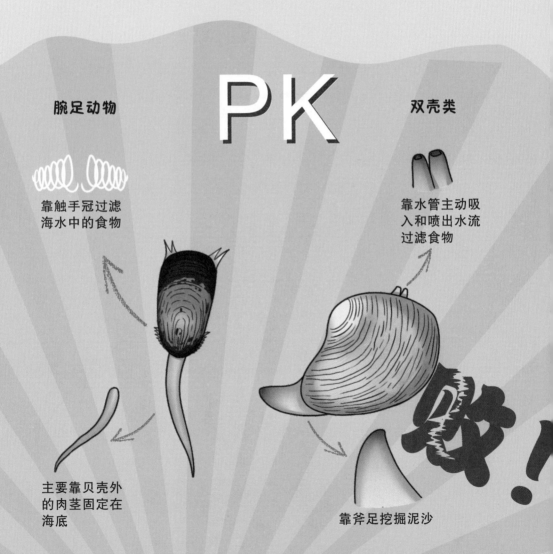

腕足动物　PK　双壳类

靠触手冠过滤海水中的食物

靠水管主动吸入和喷出水流过滤食物

主要靠贝壳外的肉茎固定在海底

靠斧足挖掘泥沙

吸！

不过正所谓能力没有强弱，只有会不会用。动动脑子，劣势也能转化为优势。

虽然双壳类在自保上挺笨拙，但它们比起固定不动的腕足动物而言却还有几分运动能力。比如说浅海有些沙地比较松软，一个浪过来，就能扒层地皮，再一个浪过来，又给你铺上三层，腕足动物在这种地方简直无处下锚，不是被活埋就是被卷跑。但双壳类就灵活很多，埋深了能把自己刨出来一些，埋浅了就再挖深一点。

于是在一部分浅海滩涂、潮间带之类的地方，双壳类居然真的挤走了腕足动物，开出了自己的第一片"矿"。

虽说这不是什么特别肥的资源点吧，但这对于近乎穷途末路的双壳类来说，就是点燃了翻盘的星星之火。

**模仿，追赶，终究是为了超越。**

腕足动物虽然牛气烘烘，但它们的身体构造还是有一个致命缺陷。它们过滤海水采用的是一个叫作触手冠的结构，你可以简单将其理解成一个滤网，迎着水流一筛，食物、氧气就自己留下来了。发现什么问题了吗？

对，如果海水流得快，腕足动物就能吃香喝辣；流得慢，就得憋气挨饿；不流动，那大概只能选择当场去世了。

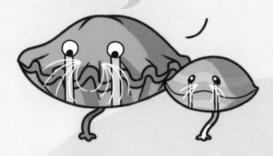

最近怎么一直风平浪静的？饭都吃不饱了……

而双壳类就在这点上下了一番功夫，它们演化出了一套能够主动吸入与喷射水流的过滤系统，从此滤食浮游生物就再也不用看水流的脸色了。

幸好我升级了主动式过滤系统，再也不用看水流的脸色了！

这也让双壳类得以更加高效地利用海水中的氧气，从而在体形上有了巨大的飞跃。海底滤食动物就跟森林里的树木一样，你高别人一头，就多分一份养分。从此，双壳类终于从一个模仿者脱胎换骨，走上了自主创新之路，有了和腕足动物这个业界标杆一较高下的资本。

但是，放眼整个古生代，海底一直到处都是密密麻麻的腕足动物，你这双壳类能长得再大终究也是从一枚小小的幼虫长起来的，我只要占好坑，不给你长大的机会你又奈我何呢？

**在演化的斗争中，时间永远是一个取之不尽的资源，有时取得胜利只需要一点耐心。**

更何况，双壳类在这段时间也没闲着，既然在海底一时斗不过腕足动物，它们又悄然把目光转向了淡水。可是，要进入淡水没那么容易，大部分海洋生物都有一个浮游状态的微型幼虫阶段，这种小幼虫很容易就会被冲回海里。所以即便强悍如鱼类，好多类群都只能采取洄游这种比较将就的手段来让自己在淡水中生活。

而对于采取潜沙滤食的动物来说，哪怕是发育完全都没啥运动能力，简直没有活在淡水中的资本。所以你看海洋里，珊瑚礁上奇葩朵朵开，到了淡水江河中就空空如也了。

而双壳类的解决之道简单来说就是"抱大腿"。在四亿多年前的泥盆纪，它们中的一支便看上了当时动物界中的最强潜力股，或者说暴发户——鱼类。这些双壳类演化出了一个叫作钩介幼虫的阶段，简单来说就是让幼虫长出一个钩爪，紧紧扒在鱼鳃上，一直发育到能够挖掘沙土才松脱下来，并迅速掘地求生，一举解决了被水冲走的问题。从泥盆纪开始，双壳类仗着这尊靠山称霸淡水。时至今日，各种淡水双壳类，也就是俗称的河蚌，都是淡水底栖滤食生态位的绝对垄断者，算是实现了一个"人生的小目标"。

反而是它们搭便车的鱼类换了一代又一代，从最初的棘鱼、肉鳍鱼到后来的软骨鱼，再到早期的硬鳞鱼，

一直到今天高度适应淡水生活的鲤形目鱼类。真是铁打的河蚌流水的鱼啊。

在泥盆纪末大灭绝后，尽管腕足动物依旧是毋庸置疑的最强者，然而力量的对比已经悄然起了变化。

腕足动物的肉茎虽然在松散的沙子里有点吃力，但是黏着在结实的礁石上却是易如反掌。而相对的，双壳类依靠斧足挖沙子，似乎也不太能把自己固定在礁石上。因此两亿多年来固定在礁石上滤食一直就是腕足动物的"铁饭碗"。

但羽翼逐渐丰满的双壳类却决定碰一碰这腕足动物的禁脔（luán）。最迟从二叠纪开始，双壳类当中就有一支演化成了今天牡蛎（lì）的祖先，这些双壳类直接将自己一侧的贝壳与礁石融为一体，打响了向腕足动物主基地进攻的第一枪。

尽管在二叠纪腕足动物再度迎来了一次爆发，但这已经是帝国最后的辉煌。很快，动物演化史上最惨烈的二叠纪末大灭绝事件到来了。

在双壳类的全方位碾压之下，腕足动物这一次只得乖乖站好，再也没能找到机会从大灭绝的创伤中恢复过来，变成了人民群众喜闻乐见的活化石，今天的我们只能炒一盆海豆芽来缅怀一下这远古的豪族了。

而另一边双壳类夺取江山之后，直到今天也稳坐王位，它那种属于软体动物的演化潜力也从此爆发。

我前面说过，像双壳类这种底栖滤食的动物一般都在演化上比较保守。但是，棘皮动物的演化史告诉我们，只有脑洞不够广阔的动物，没有不能改变的身体。

比如说海扇科的贝类，就是我们常说的扇贝，它们利用占据自身软组织将近一半的强力闭壳肌，演化出了快速开关贝壳的诡异泳姿，堪称动物界的一代游泳鬼才。

　　别小看这魔性的泳姿，很多一动不动的贝类，很容易变成海星或者其他腹足类的食物，但扇贝就靠这泳姿，成了较少被捕食的贝类之一。

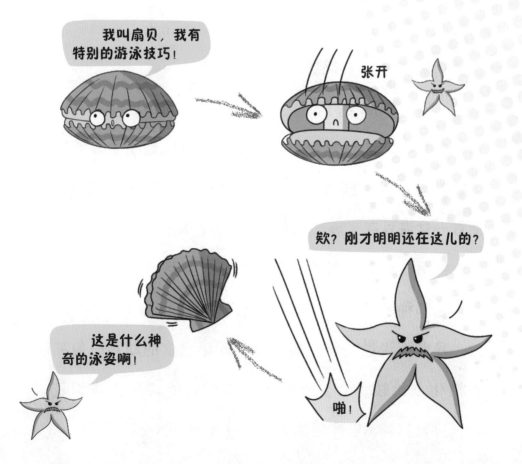

还有一些贝类，比如说砗磲（chē qú），则跟能光合作用的虫黄藻等藻类共生，实现了自给自足。

不过在我看来，进化得最别致的双壳类当属侏罗纪出现的船蛆。不敢相信吧？它还真是双壳类，跟你爱吃的象拔蚌算半个近亲。它的两块贝壳其实并没有退化，

能力没有强弱，只有会不会用。扇贝有扇贝的才能，船蛆有船蛆的才能。

只是转变成两颗大板牙，用来啃木头。船蛆主要的食物就是漂到海面的木头，这让海洋中无数蠕虫流下了羡慕的泪水。顺便说一句，船蛆也会啃食木头造的船只，差一点葬送了人类的大航海时代。

感受来自海鲜的复仇吧。

人们总爱关注那些食物链最顶层的王朝更迭，乐其兴，悲其衰。然而地球生命的惨烈厮杀从不因位置不同而改变，在这些起起落落的大佬们的眼皮底下，就有一类族群，在两亿多年间，不起眼地奋斗，不起眼地崛起，然后一朝奠定胜局，自此长盛不衰！

# 远古王者的不屈征途
## 头足类

我们知道，在任何游戏玩家群体中，总会出一些脑洞清奇的鬼才，开发出最奇特的玩法，让广大网友无不惊呼，这游戏卖给他亏了呀。

而在动物演化史中，这样脑洞赛黑洞的动物也不在少数。比如说在寒武纪晚期就有这么一种软体动物，它开

腹足类啃藻致富，双壳类山寨发家……

没个性的家伙，看我开发出的这款游戏最脑洞大开的玩法！

31

发出了你从未体验过的全新玩法，它的名字叫作短棒角石。

我之前说过，软体动物的祖先进化出了贝壳，当别的动物都在用贝壳防御的时候，短棒角石却学会了往贝壳里面充气。

我不知道在那个时代把自己整成个气球有什么现实意义，但这事显然很好玩。众所周知，空气比水密度低得多，所以短棒角石从此就漂浮了起来。

升起

升起

嚯哈哈哈，从此以后整个海洋都是本王的海鲜自助餐厅了！

阿基米德为你点赞。

靠着这招，短棒角石无论在大小上还是构造上都达到了软体动物的新高度。其实我们并不清楚短棒角石的软体部分长什么样，这也是为何我们称它们为角石（特指灭绝的鹦鹉螺类），因为它们留给我们的只有一大堆像角一样的空壳化石。

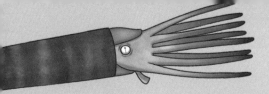

　　但是大部分学者都相信，短棒角石已经具备了后来头足类标志性的触手。

　　而它们也是赶上了好时候，距今4.8亿年前，海洋里一方面充斥着寒武纪留下的物种，另一方面还繁盛起了许多新一代的生物，这些居高临下的早期角石们一看，嚯，这完全是海鲜自助餐厅呀。

**短棒角石的不同复原图**

　　对于充气的角石来说，这真是天时地利人和都有了呀。

　　从4.7亿年前开始，角石家族开启了自己的黄金时代，不但种类数量有了猛然增长，它们内心中属于软体动物演化的"洪荒之力"也爆发了出来，展现了一大溜眼花缭乱的"装备升级"。

喷射高速推进

眼睛锁定猎物

触手强力控场

鸟喙无视护甲，齿舌持续输出

从此饱尝无敌的寂寞！

再加上固若金汤的厚重贝壳

　　它们口中的齿舌演化出了一个类似鸟喙的附属结构，从此破甲如砍瓜切菜。它们还进化出了可以喷射水流的漏斗，犹如火箭发动机一般，将自己变成了一枚生物鱼雷。同时它们的眼点也从一个简单的感光色斑，内陷成一个可以形成真正视觉的眼睛。以上，形成了整个奥陶纪海洋最优秀的组合套装。

它们之中更是诞生了古生代最巨大的无脊椎动物——内角石。

它单贝壳就长达9米，加上软体和触手，体长保守估计在10米以上，仿佛一尊长着致命触手的妖世浮屠，身影所至，宛如死神过境，威压之下，试问谁敢不从。

然而这些威风凛凛的巨型角石却有一个致命的弱点。充满空气的贝壳很难承受太强的水压，这让它们难以潜入太深的海域。同时，浅海的汹涌波涛与暗礁遍布很容易破坏它们的外壳，容易漏气的角石真是承受不起呀。

这样的直接后果，就是大型角石都被局限在了狭长的、不能太深也不能太浅的海域之中，在战略上丧失了闪转腾挪的纵深。

结果，4.4亿年前，不知道什么原因，全球的海平面在很短时间内先是骤跌了差不多100米，随后又急剧暴涨回去。把角石的天下搅了个天翻地覆，角石生存所需的中大型猎物与浮游生物无不遭受重创。更麻烦的是，这段

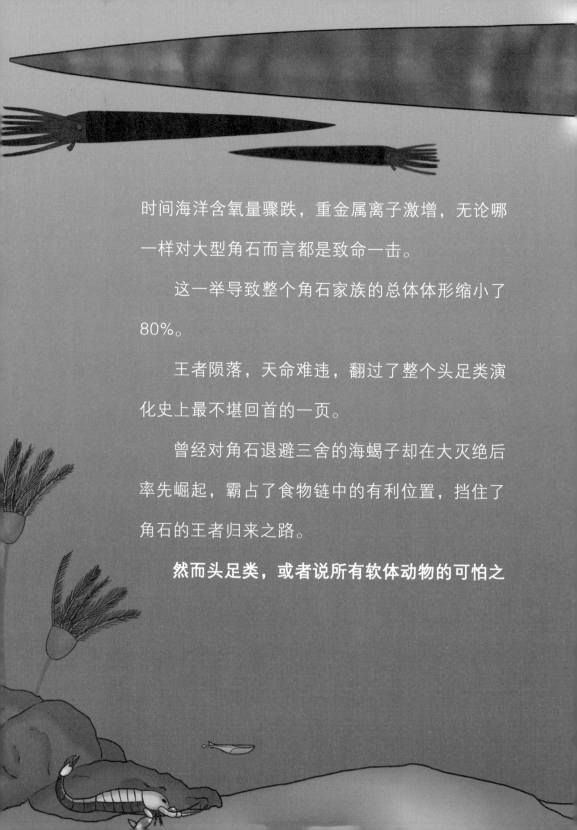

时间海洋含氧量骤跌，重金属离子激增，无论哪一样对大型角石而言都是致命一击。

这一举导致整个角石家族的总体体形缩小了80%。

王者陨落，天命难违，翻过了整个头足类演化史上最不堪回首的一页。

曾经对角石退避三舍的海蝎子却在大灭绝后率先崛起，霸占了食物链中的有利位置，挡住了角石的王者归来之路。

**然而头足类，或者说所有软体动物的可怕之**

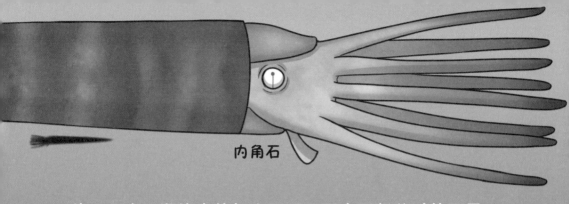

内角石

处，不在于顺境中的拓土开疆，而在于低谷时的不屈意志。

其实在奥陶纪角石最巅峰的时代，就有一些"角石"正在暗中变革。角石的身体并非完美无缺，比如说直挺挺的外壳虽然在直线加速上具备优势，但是转弯半径太大，机动性捉襟见肘，更何况直角石的尖端很容易受损。

于是有一些角石就在这些地方下了一些功夫。比

如说以新角石为代表的一类角石选择了将贝壳卷起来，从而在保护尖端的同时让转向更容易。这套设计极为优秀，自此之后，它们的后代几乎没再在贝壳上做太多改动，今天的鹦鹉螺有可能便是这一支角石的后代。

鹦鹉螺

箭石

还有一支角石则索性抛弃了脆弱的贝壳尖端，它们每长大一些就会把自己的软体部分翻出来，反包住外壳，以此卸掉最靠后的一截贝壳，同时分泌钙质堵住断口，防止贝壳因此漏气。

　　就是这么一些小小的创新，却在接下来的几亿年里为头足类奠定了胜局。

**在差不多4.2亿年前，地球历史迈进了泥盆纪。** 当角石类与海蝎子类还在为了霸主之位争雄不止的时候，一股空降势力——有颌鱼类却突然加入了战局。

**有颌鱼**

　　这些鱼类让四海的水族真正感受到了绝望的滋味。

　　无论是输出、速度、防御、感知，每一个细节上，有颌鱼类都展现出了压倒性的优势。"角石"的一身"神装"在此面前不堪一击，毫无招架之力。

与角石缠斗了几千万年的海蝎子，几乎是顷刻之间就从海洋中消失了，从此只能躲到淡水和陆地继续生存。

而角石家族也是一溃千里，灭绝如山崩。

到此为止了吗？不！

第一类从有颌鱼类的威压之下崛起的头足类正是大名鼎鼎的菊石。菊石是一群非常识时务的头足类，它们明白既然家道中落，就不能沉浸在往昔的迷梦中不能自拔。

　　原本角石都是一些寿命很长，并且会精心饲育自己少数后代的动物。但菊石打破了这个陈规，它们采取了一种速生速死的策略，迅速长大，迅速繁育出大量后代，然后迅速死亡。不正面对抗，纯粹靠数量度过了最初的生存危机。

41

之后，地球爆发了又一场大灭绝事件——泥盆纪末大灭绝。这次大灭绝一举毁灭了当时有颌鱼类的中坚力量——盾皮鱼类。

于是乎菊石又抓住机会，最大可能地优化了自己的贝壳构造，创造出了第一批足以正面抗衡有颌鱼类的强大"装甲"，奠定了此后菊石一亿多年的繁荣盛世。一直到三叠纪的鳍龙、鱼龙等各种海爬下海之后，平衡才被再度打破。

还有一支头足类则是真正踏入了最穷凶极恶的修罗之道。

时间还要回溯到泥盆纪末期，随着陆地植物的大规模繁盛，大气含氧量屡破新高。在更高的氧气浓度加持下，海洋里逐渐涌现出大量能够快速游泳的动物。

在这"万类霜天竞自由"之中，就有一些头足类演化出了更强劲的喷射动力，当动力足够强劲，充气的贝壳反而变成了累赘。正如随着引擎的进步，人类的飞行器变成了比空气重的飞机，而不再依托轻盈的飞艇一样。

　　之前我们说，有一些角石会翻出软体反包住外壳，而这些头足类则将这种临时措施变成了长久之计。之后，内化的贝壳丧失了保护功能，最终逐渐退化。从此，角石演化成了箭石。箭石的出现标志着一类全新的头足类，也就是我们今天最常见的头足类——蛸类，上线。

游泳大赛开始

蛸类彻底放弃了之前头足类的装甲路线，全面向敏捷型发展。

我不是只会龟缩在硬壳中的待宰羔羊，我会用速度让你明白我的决心！

超强运动能力得搭配超强感官，它们的眼睛里出现了可以变焦的晶状体，从而演化出在整个动物界都首屈一指的强悍眼睛，其视力甚至连有些脊椎动物都自愧不如。

为了配合其高速的运动能力与灵敏的感官，蛸类还把软体动物的神经系统强化到了历史的新高度。蛸类拥有在无脊椎动物中绝对毋庸置疑的最强神经纤维——巨大轴突——一根神经纤维就有耳机线那么粗，将神经信号的传导效率直接提高了一个数量级。

同时它们还进化出了无脊椎动物中的最强大脑，将自身智力水平推到了历史最高点。

超强智力再加上其他一系列全新"装备"，赋予了蛸类极为灵活的战术选择。

如果逃脱无效，它们不会像菊石或角石那样受贝壳拖累，而是可以凭借柔软的身体钻进缝隙。如果没有缝隙，它们还有墨囊，喷射出带有轻微麻痹与阻碍视线作用的墨汁，配合上新升级的变色技能，屡屡能逃出生天。再不济，它们的触手上还演化出了吸盘与锋利的腕钩，绝地反杀也不无可能。

从此，以蛸类为代表的头足类软体动物，已不单单可以从脊椎动物的威胁下生存下来，甚至能轻易猎杀鱼类和甲壳类，一举跻身食物链的中上层位置。

　　6600万年前，一颗陨石撞击地球，带来了著名的白垩纪末大灭绝。这颗陨石引发了一系列复杂的连带效应，其中之一便是海水酸化，这不仅对菊石脆弱的幼体造成了致命威胁，也几乎尽数地消灭了菊石的主要食物——海洋中的浮游生物。

　　于是繁盛一时的菊石从此谢幕。反而是远古的末裔鹦鹉螺，由于保持了远古祖先的长寿特点，凭借少数忍耐力特别强的成体，熬过了大灭绝中最艰难的那几年，它们反而艰难地幸存了下来。

　　蛸类则无疑"笑"到了最后，没了充气外壳的限制，蛸类得以潜入前辈无法触及的深海之中，而深海的稳定环境成了它们绝佳的庇护所。

　　当尘埃落定，今天鱿鱼、章鱼等蛸类的祖先再度从深海之中归来。比起早期的箭石，它们内化的贝壳更为退化，已经聊胜于无。

没了贝壳的拖累，新一代蛸类的速度有了更进一步的提升，以乌贼为代表的一支蛸类，索性逐渐弱化了原来的喷射动力，向鱼类看齐，改用鳍来运动，让自己的机动性达到了新的高度。

除此以外还有以狡诈著称的章鱼。章鱼可能起源于一类叫作吸血鬼蛸的蛸类，它们的贝壳退化最为彻底，这使它们的身体极度柔软，加之其变幻无穷的伪装能力，章鱼成了海洋中首屈一指的战术大师。潜行、伏击乃至使用工具统统驾轻就熟，恍惚间仿佛是一群来自另一个平行宇宙的灵长类降临在了当时地球的海洋之中。

这些新一代的蛸类，在接手了角石和菊石等先辈的江山的同时，也一并继承了它们的使命。

四亿多年来，在脊椎动物的绝对霸权之下，那些曾经一度风光无两的动物，它们的后代或是化作微末的虫

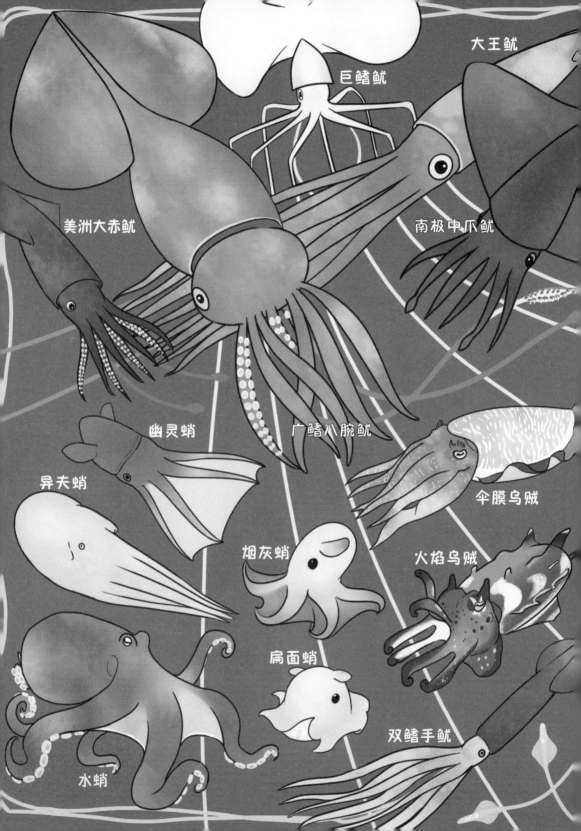

巨鳍鱿

大王鱿

美洲大赤鱿

南极中爪鱿

幽灵蛸

广鳍八腕鱿

异夫蛸

伞膜乌贼

烟灰蛸

火焰乌贼

扁面蛸

双鳍手鱿

水蛸

豸（zhì），隐忍苟活，或者最多也不过舍命一搏，壮烈成仁。

**只有软体动物，真的只有那软体动物，无论是固守基业、伺机而动的腹足类；还是潜沙滤食、绝地反击的双壳类；更遑论与脊椎动物斗智斗勇数亿年，越挫越勇的头足类，它们宛如远古霸主的英灵投向未来的一缕希望之光，是绝不屈服的武士，卧薪尝胆，磨牙吮血。**

面对那已失却了四亿多年的王位，软体动物们必将永远在那深渊之中，凝望着……

等等，关于软体动物，我还有话要说。

由于化石材料的稀缺，软体动物的演化向来疑点重重。

先来说说角石的问题，几乎所有的纪录片里都会把奥陶纪巨大的内角石视为当时的顶级猎食者。史前巨怪打架什么的，大家喜闻乐见嘛。

但凭良心说，这个观点是有漏洞的，毕竟谁也不知道内角石的软体部分长啥样，而且如果仔细分析，其实

内角石是滤食性动物的可能性还挺高的。所以有些文章里面就给内角石安了个吸血鬼蛸的脑袋。

　再来说说菊石，一开始，菊石的演化还挺规范的，贝壳从直到卷，缝合线也越来越复杂。但是在侏罗纪到白垩纪那段时间，菊石的演化就开始让我哭笑不得了。你看看这些个菊石长得还有王法吗？

有把贝壳重新掰直的。

有把贝壳掰成回形针的。

还有各种拧巴得一言难尽的。

我更倾向于认为，这些菊石可能和蛇螺或者延管螺之类的腹足类发生了趋同演化，也走向了滤食的生态位。

最后再来说说"蛸类"，本来，从短棒角石到直角石，再呼啦呼啦演化成箭石，最后变成乌贼什么的，这条演化路线那真是又清晰又完美，符合之前的理论。

更何况很多箭石还保留了清晰的软组

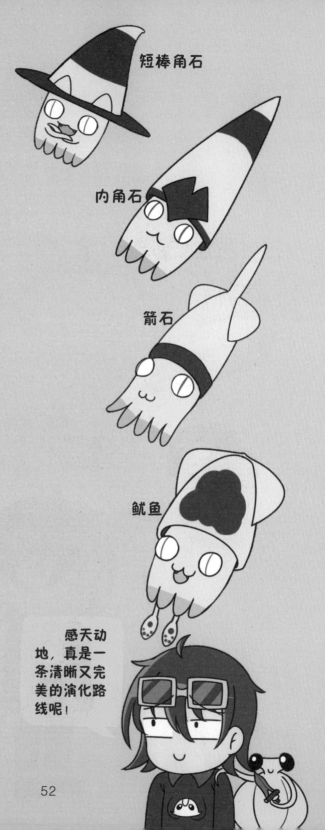

短棒角石

内角石

箭石

鱿鱼

感天动地，真是一条清晰又完美的演化路线呢！

52

织痕迹，这逻辑链不会再出什么问题了吧。

但是各种研究结果就是能给你节外生枝。比如，根

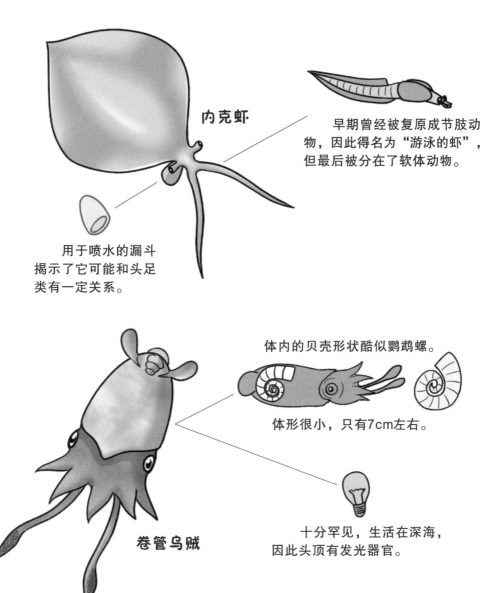

**内克虾**

早期曾经被复原成节肢动物，因此得名为"游泳的虾"，但最后被分在了软体动物。

用于喷水的漏斗揭示了它可能和头足类有一定关系。

体内的贝壳形状酷似鹦鹉螺。

体形很小，只有7cm左右。

**卷管乌贼**

十分罕见，生活在深海，因此头顶有发光器官。

据分子生物学研究，和头足类最接近的其他软体动物类群，是一类叫作尾腔纲的没有贝壳的软体动物，这好像就是在说头足类可能来源于一类还没充分演化出贝壳的古软体动物。

在加拿大的布吉斯页岩的寒武纪化石里，还真的找到了这么个"搅屎棍"化石 ——可能是我们常说的内克虾或者内耶克虫。

它外表像长着两条触手的乌贼，这就很尴尬了呀！

更尴尬的是，我们认为乌贼应该来自类似于箭石那样的祖先，对吧？但是最早的乌贼化石，好像比地层中最早的箭石化石出现得还更早一点点。有一些沟箭石类化石虽然更早，但是保存状况很差，不是很令人信服。

此外，现存贝壳保留最多的是卷管乌贼，它的贝壳，和任何箭石都毫无相似之处，反倒有一点往鹦鹉螺那边靠的意思。

虽说这些证据总体而言还没硬到能推翻经典理论，但反正它们摆在那里，令人无所适从。

哎，化石啊化石，有时太多，有时太少，它们拼凑起了一本残破的谜样史书，字里行间道不尽的，都是学者与科学传播者的辛酸与哀愁呀。

# 参考资料（部分）

## 学术论文、综述：

Dzik, J. (1981). Origin of the Cephalopoda. Acta Palaeontologica Polonica, 26(2).
Frey, R. C. (1995). Middle and Upper Ordovician nautiloid cephalopods of the CincinnatiArch region of Kentucky, Indiana, and Ohio (No. 1066-P).
Kröger, B., Vinther, J., & Fuchs, D. (2011). Cephalopod origin and evolution: a congruent picture emerging from fossils, development and molecules: extant cephalopods are younger than previously realized and were under major selectionto become agile, shell-less predators. Bioessays, 33(8), 602-613.
The oldest shipworms (Bivalvia, Pholadoidea, Teredinidae) preserved with softparts (western France): insights into the fossil record and evolution of Pholadoidea. Palaeontology, 61(6), 905-918.
Smith, M. R. (2012). Mouthparts of the Burgess Shale fossils Odontogriphusand Wiwaxia: implications for the ancestral molluscan radula. Proceedings of the Royal Society B: Biological Sciences, 279(1745), 4287-4295.

## 专著：

Rousseau h. Flo wer(1964): Nautiloid Shell Morphology. New Mexico Bureau of Mines & Mineral Resources

## 视频、纪录片：

PBS Eons:How the Squid Lost Its Shell
Monterey Bay Aquarium Research Institute(MBARI): Pteropods: Swimming snails of the sea
HS Science Videos: Shape of Life: Molluscs–The Survival Game

## 网站&网页

https://burgess-shale.rom.on.ca

## 科普文章：

Mark Wilson: Wooster's Fossil of the Week: an upside-down nautiloid fromthe Devonian of Wisconsin. Wooster Geologists. 2015
Franz Anthony: 500 million years of cephalopod fossils. eartharchives.Org.2018
攀缘的井蛙：【地球演义】系列

更多资料详情，扫描二维码获取